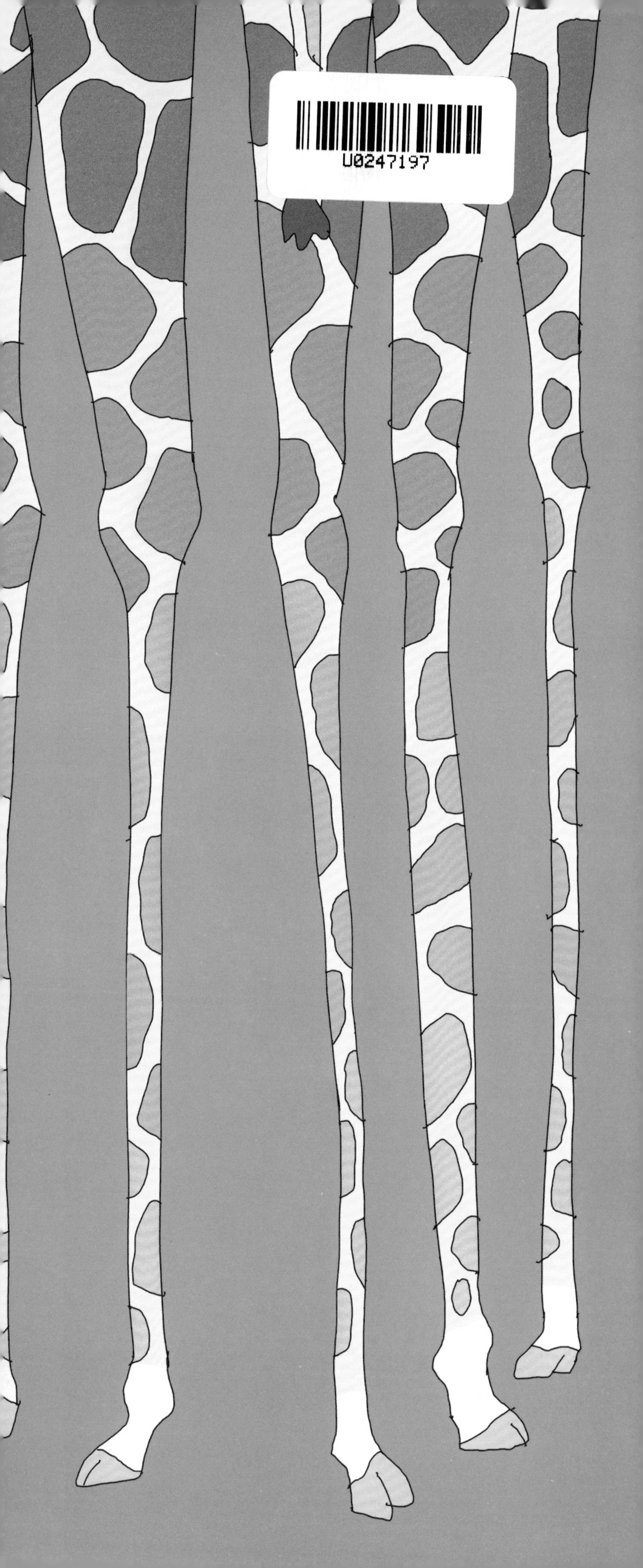
U0247197

著作权合同登记号 图字：01-2023-4609

图书在版编目(CIP)数据

长颈鹿的秘密 /（法）塞西尔·贝诺伊斯特著；（法）卢瓦克·弗瓦萨尔绘；苏靓译. — 北京：现代教育出版社，2024.7

ISBN 978-7-5106-9414-1

Ⅰ. ①长… Ⅱ. ①塞… ②卢… ③苏… Ⅲ. ①长颈鹿科－儿童读物 Ⅳ. ① Q959.842-49

中国国家版本馆 CIP 数据核字（2024）第 070079 号

长颈鹿的秘密

著　　者　[法] 塞西尔·贝诺伊斯特
绘　　者　[法] 卢瓦克·弗瓦萨尔
译　　者　苏　靓
项目统筹　王春霞
选题策划　义圃童书
责任编辑　王春霞　张书畅
装帧设计　赵歆宇
出版发行　现代教育出版社
地　　址　北京市东城区鼓楼外大街 26 号荣宝大厦三层
邮　　编　100120
电　　话　010-64256130（发行部）
印　　刷　北京新华印刷有限公司
开　　本　889 mm × 1194 mm　1/16
印　　张　3.5
字　　数　40 千字
版　　次　2024 年 7 月第 1 版
印　　次　2024 年 7 月第 1 次印刷
书　　号　ISBN 978-7-5106-9414-1
定　　价　58.00 元

现代教育出版社
Modern Education Press

这里有一幅人类历史
早期的长颈鹿图画。

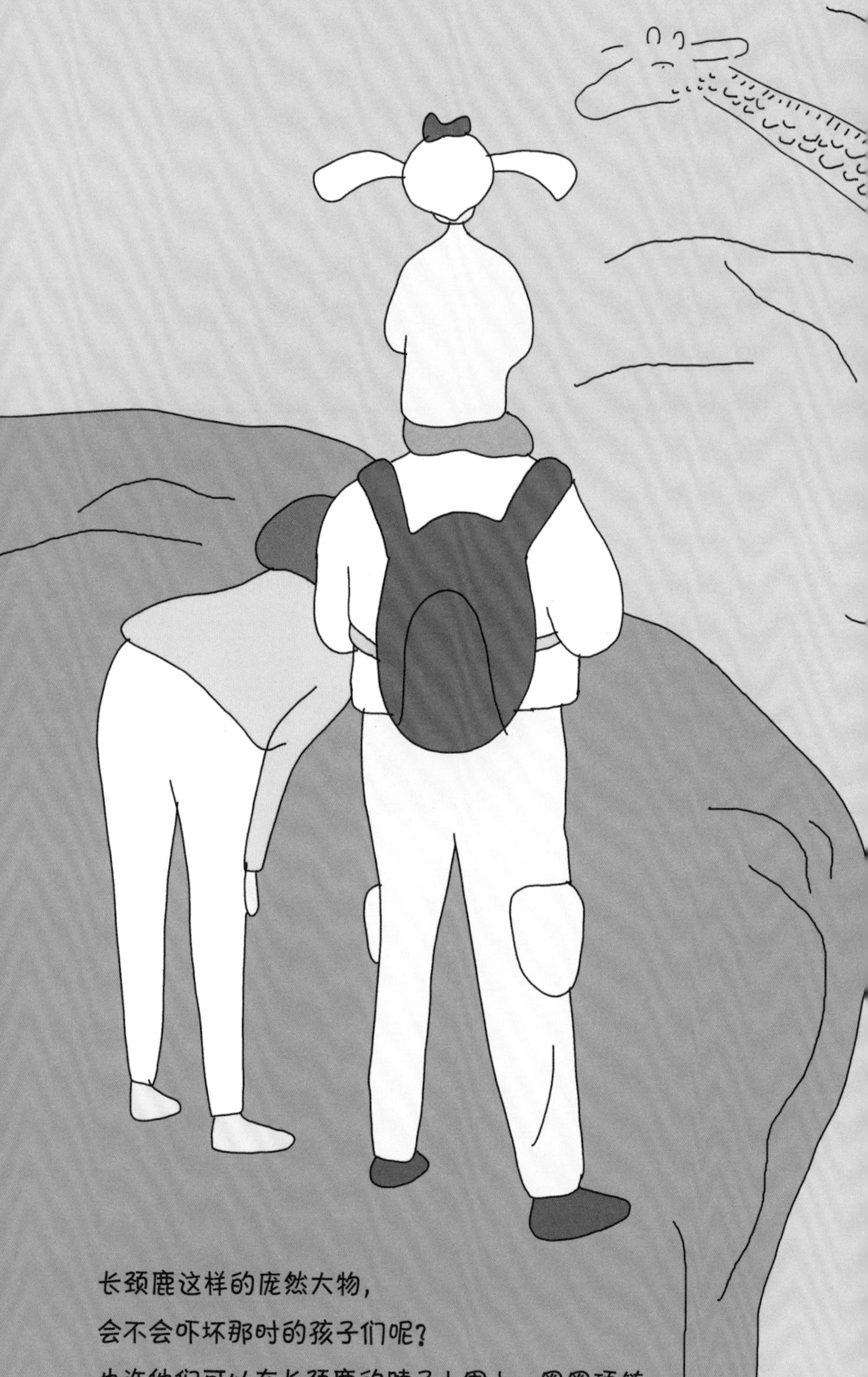

长颈鹿这样的庞然大物，
会不会吓坏那时的孩子们呢？
也许他们可以在长颈鹿的脖子上围上一圈圈项链，
用来练习数数！
他们有没有搭个长梯，
爬上去看长颈鹿藏在树丛中的角呢？
他们有没有邀请过长颈鹿去洞穴里做客呢？

一起来了解长颈鹿身上的谜团吧！

作品地点：尼日尔，达布斯

作品名称：未知

创作者：未知

创作时间：几千年前

下坠

虽然才刚刚出生，小长颈鹿就要面对动物王国中最令人惊叹的一次下坠。

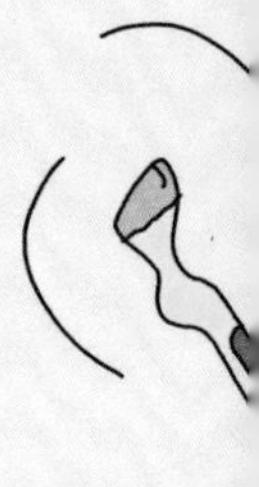

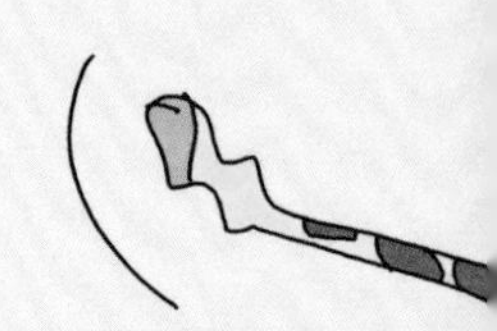

在妈妈温暖的子宫里静悄悄地待了整整 15 个月，然后……

哎呀！好高啊！

长颈鹿妈妈站着生下了小长颈鹿。因为没有任何缓冲，小长颈鹿被摔得眼冒金星。但是，被妈妈安抚了几下后，它们就做好准备面对全新的世界了！

尽管这种出生方式相当惊险，但是长颈鹿宝宝很快就学会走路了！

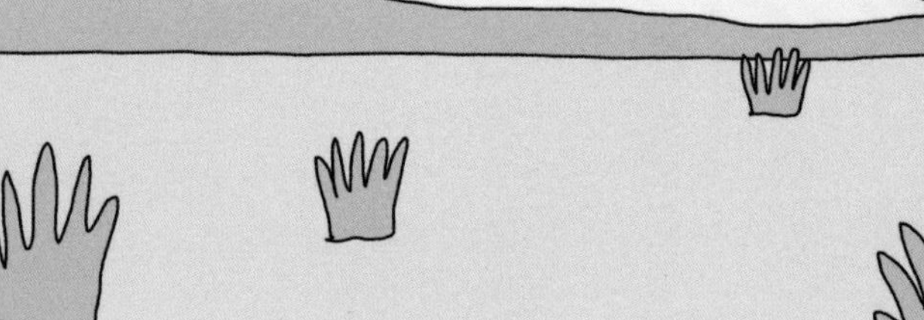

落地的高度
可以达到 2—2.5 米

非洲

野生的长颈鹿只住在非洲，但非洲也不是哪儿都有长颈鹿！

这里没有长颈鹿

长颈鹿的身体这么巨大，
如果想漂洋过海去别的大陆
可不是一件容易的事。
还是在稀树草原上安静地吃草比较好，
而且暖和！

长颈鹿会和北极熊和袋鼠交朋友吗？可能会吧……不过是在梦里！

这里也没有长颈鹿

这里有
长颈鹿
那里也有长颈鹿
这里还有长颈鹿
长颈鹿
也在这里

裙带关系

牛椋鸟落在了长颈鹿身上，啄着它皮毛上的小虫子当美餐。

用小虫子换来了美发服务！

牛椋鸟停在长颈鹿的背上、肚子底下，站在腿上或立在头上，帮长颈鹿摆脱那些让它痒得难受，或者会让它生病的小家伙们。

小知识：如果牛椋鸟突然一起飞走，就代表危险临近啦！

真是超级厉害的警报系统啊！

肉眼看不清的幼虫

金合欢

一只长颈鹿一天要吃70千克的植物，差不多是一个成年人的体重。

早餐？金合欢树叶。
午餐？金合欢树叶。
下午茶？金合欢树叶。
晚餐？金合欢树叶。

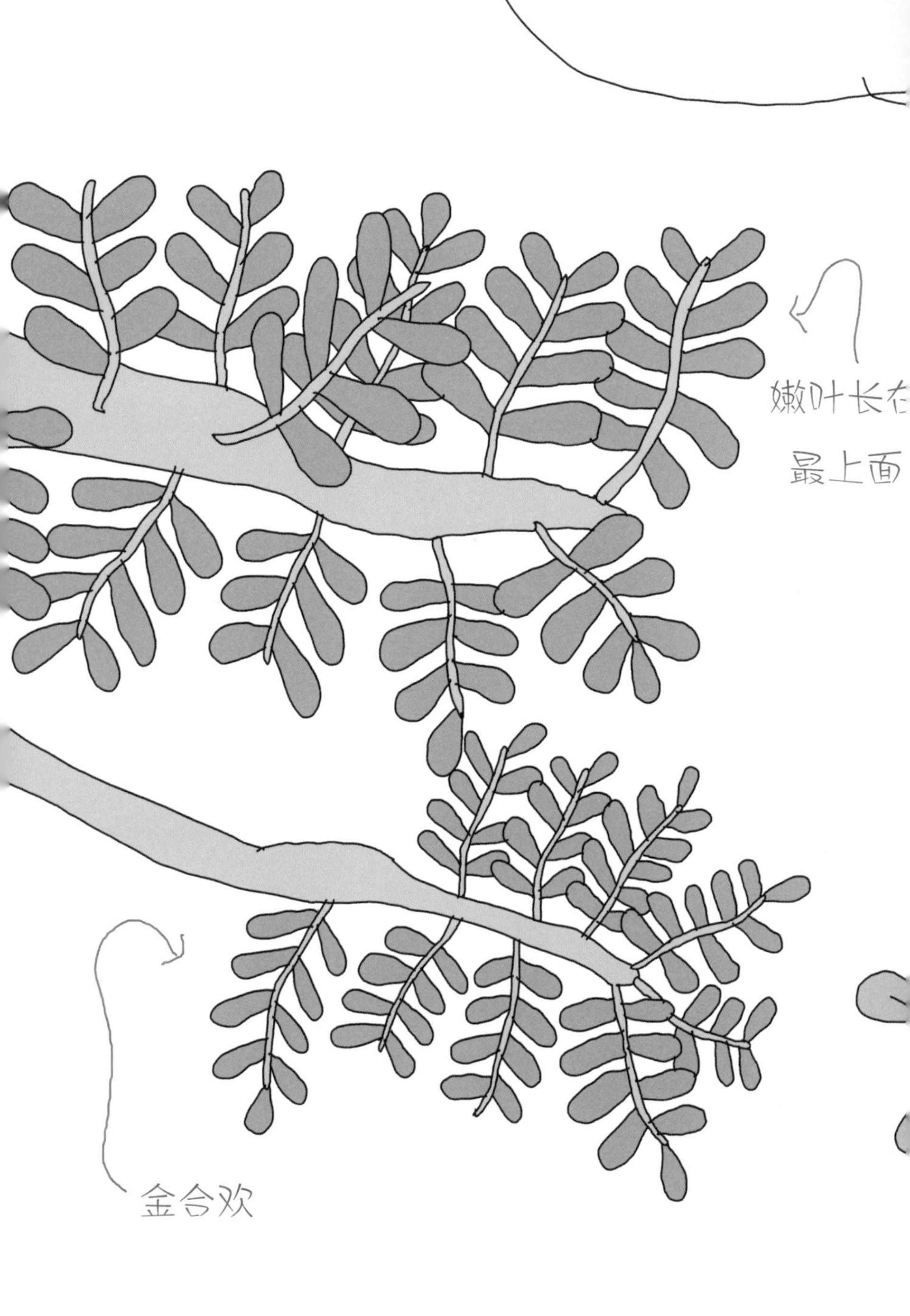

前菜、主菜、甜点：

金合欢，

金合欢，

金合欢！

长颈鹿对金合欢很长情，但金合欢却爱唱反调……当金合欢被啃咬得"难受"时，它的味道会变得很恶心，还会有凶巴巴的蚂蚁从枝条里爬出来，长颈鹿只能去另寻新"欢"了。

附近没有金合欢了？那就只能找别的树凑合一下了，实在不行就吃点儿草或者水果吧……

哎，不开心啊！

黏黏的唾液

保护长颈鹿

不被棘刺扎伤

骆驼豹

很久以前，长颈鹿的名字叫作“骆驼豹”，学者们则称其为“Camelopardus”*。

*Camelopardus：拉丁语，长颈鹿的古称，意思是“长着豹纹的骆驼”。

骆驼（Camelus）：

因为有长脖子，

所以单词的一半表明长颈鹿像骆驼。

好险啊！幸亏人们没叫长颈鹿“小骆驼”，
或者更糟的名字“小豹骆驼”。
阿拉伯人叫它们“扎拉法（Zarafa）”，
从 zarafa 到 girafe（长颈鹿的法文）
字母的组合变化并不太大。

扎拉法的发音听起来好像
稀树草原的风声，
又像金合欢树叶之间的摩擦声，
一起念：

“扎——拉——法——！”

斑斑点点

长颈鹿外套上的花纹
让科学家着迷……

这是一种象征吗？身份证明？
还是某种散热系统？又或者是伪装色？

这样的身体配上这样的图案，形成了让人惊叹的奇观！
时装设计师的秀场上都应该有长颈鹿的一席之地。
不过，这样时髦的皮毛只应属于稀树草原。

对于那些城市里的人和动物来说，
这可是绝对禁止上身的。

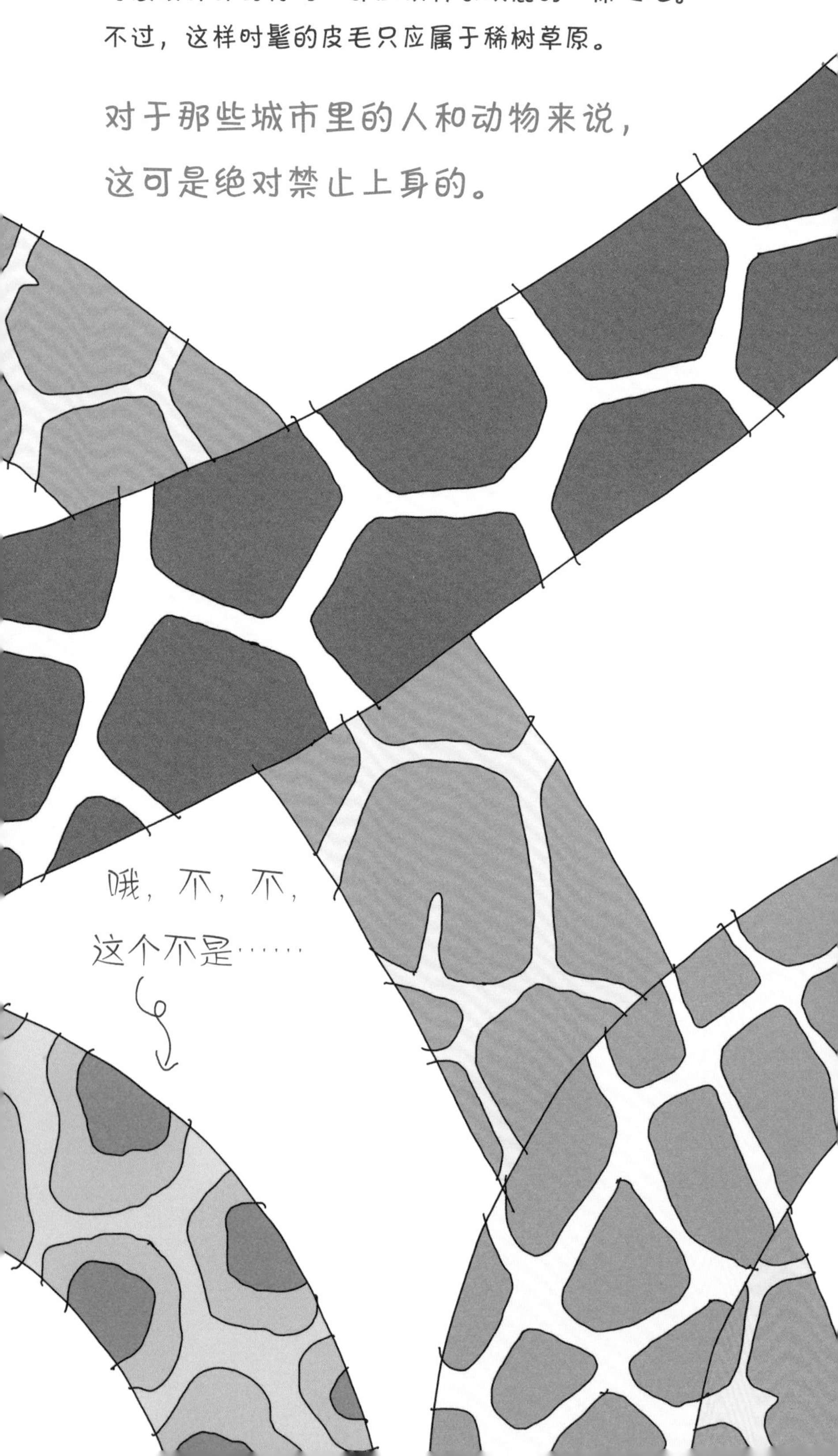

颜色：
黄色、浅黄褐色、
姜红色、栗色、褐色等
轮廓：
根据亚种和个体差别
而有所不同
花纹组合：
十分复杂

历史

十九世纪时，在各国君主、帝王和贵族之间的外交活动中，流行互送来自异域的动物作为礼物。

1. 抓一只长颈鹿宝宝。
2. 带它穿越稀树草原（长达数日）。
3. 带它上船（船上只留一个头部能通过的洞）。
4. 用牛奶喂它（但小长颈鹿更想喝妈妈的奶）。
5. 长达数月漂洋过海（而它只能在梦中奔跑）。
6. 船在马赛靠岸，当地人都很惊讶
   （但谁都没有小长颈鹿受到的惊吓严重）。
7. 穿着一身滑稽的雨衣一路走到巴黎
   （要走好几周）。
8. 套着绳索在人类面前游行
   （人真是奇怪的动物）。
9. 开始牢狱生活，终生都不会
   再见到另一只长颈鹿。

这就是长颈鹿们悲伤故事的梗概，也是真实的历史。

长颈鹿的故乡是稀树草原。
不是大船，不是石板路，
不是宫殿，不是鹿圈，
不是马戏团，也不是动物园，
只有稀树草原。

大长颈鹿
在讲历史故事

在一起

雌性长颈鹿喜欢聚在一起生活。

“团结就是力量，部落精神最棒。”这可以作为雌性长颈鹿的座右铭。雌性长颈鹿和喜欢单打独斗的雄性长颈鹿不同，她们的大家庭由60到90只个体组成，又会细分成大约一组10只左右的小组，小组成员包括雌鹿和宝宝。

这样做的好处是：狮子和鬣狗在动歪脑筋袭击前就得三思了；雌鹿妈妈累了的时候，也可以让其他成员帮忙照顾孩子；长颈鹿小组还能得到最佳金合欢树位置的第一手资料。

简而言之，

住在一起才安全，安全才能健康！

体操

在日常生活中，长颈鹿总免

不了表演一点儿体操技术。

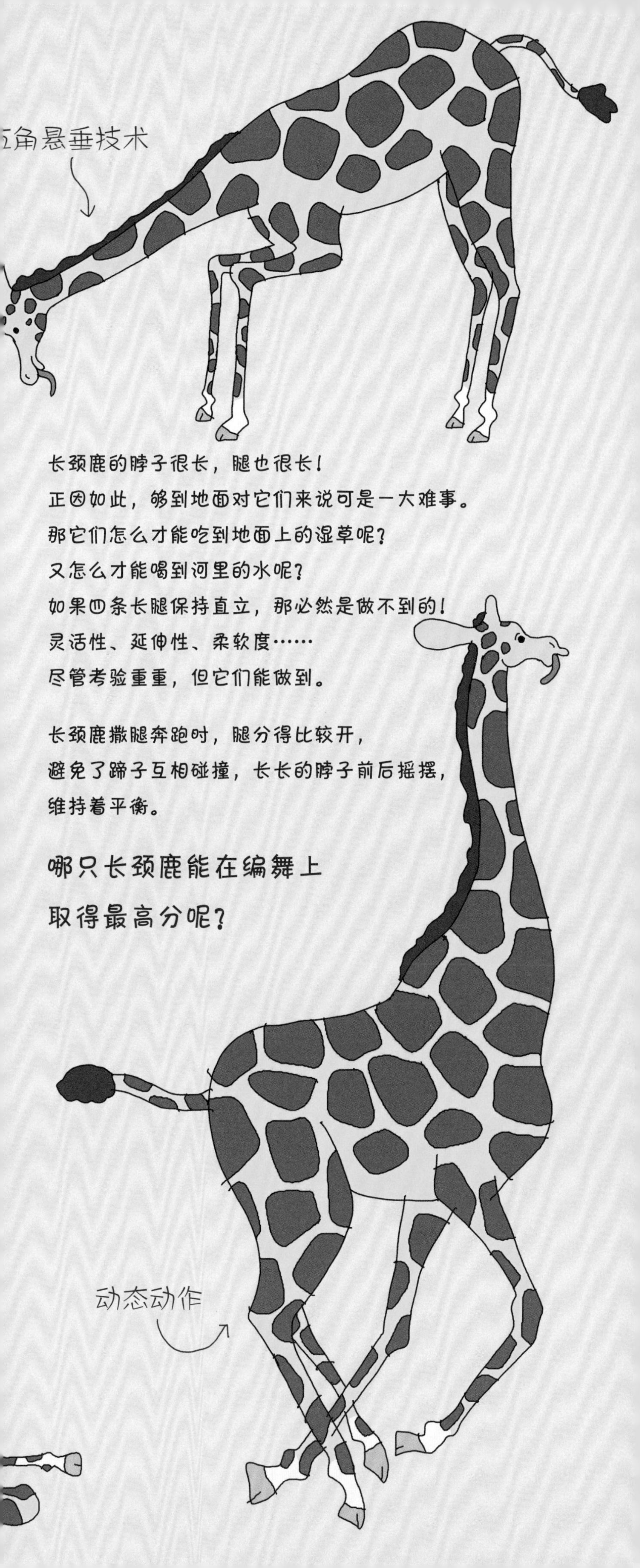

长颈鹿的脖子很长，腿也很长！
正因如此，够到地面对它们来说可是一大难事。
那它们怎么才能吃到地面上的湿草呢？
又怎么才能喝到河里的水呢？
如果四条长腿保持直立，那必然是做不到的！
灵活性、延伸性、柔软度……
尽管考验重重，但它们能做到。

长颈鹿撒腿奔跑时，腿分得比较开，
避免了蹄子互相碰撞，长长的脖子前后摇摆，
维持着平衡。

哪只长颈鹿能在编舞上
取得最高分呢？

钢琴

古钢琴体型庞大。为了适应运输需求，钢琴制造商设计出音箱垂直于键盘的“长颈鹿钢琴”。它创始于1798年至1850年之间，是个古董呢！

人们会以长颈鹿的脖子为灵感，
创造很多物品：

- 厨房搅拌器
- 立式麦克风架
- 栖架
- 折叠梯
- 云梯消防车

树木的树干也很高。
我们当然也可以说这些物品像树干，
但是像长颈鹿不是更酷吗！

这个人是迷失在
稀树草原的钢琴家

脖子

毫无疑问，长颈鹿有着
世界上最奇特的脖子。

我们试着组织了一场长颈鹿围巾编织比赛。
观众都睡着了，顽固的编织者还没有放弃。
每周有人送去毛线球才能让比赛继续，
后来，连裁判都因为太无聊而回家了。

而此时此刻的长颈鹿依旧凭借它们的长脖子，
悠哉地吃着最高枝条上的金合欢树叶，
或者低头咀嚼较高草丛的顶端。

它们并不会落枕！

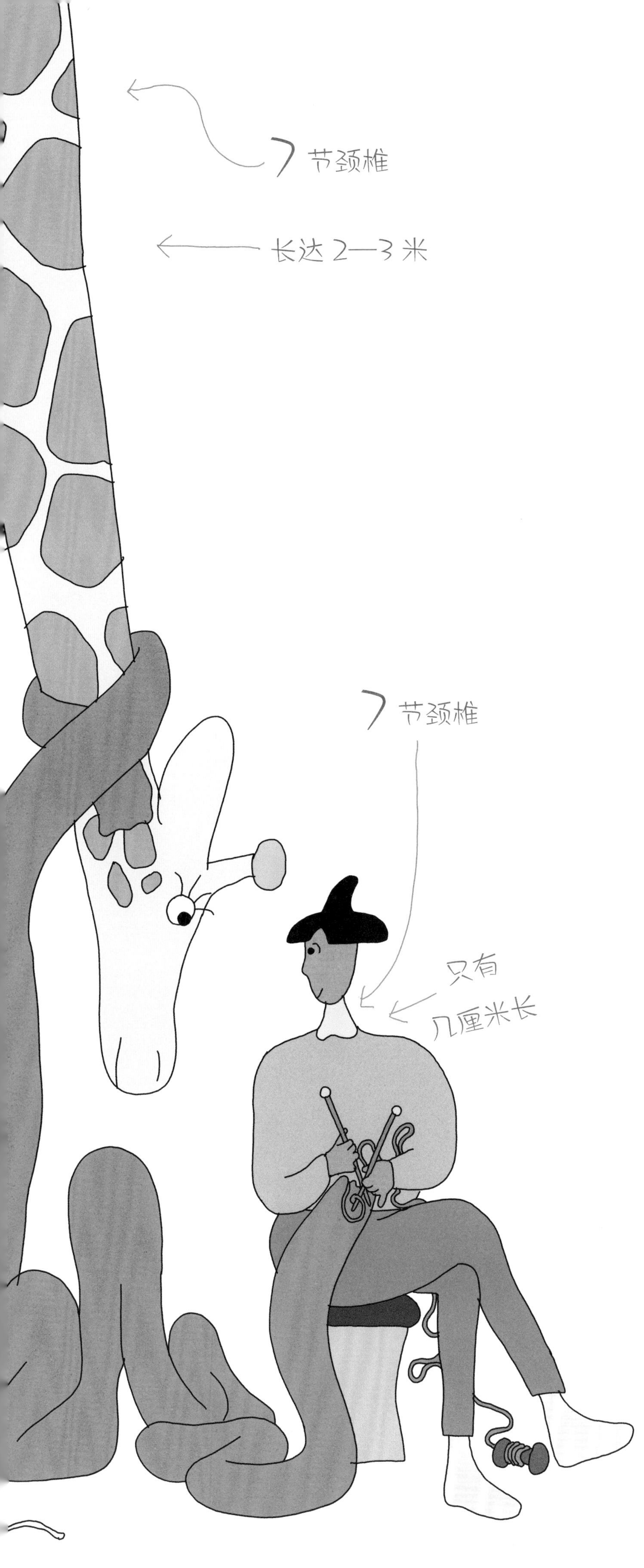
7节颈椎
长达2—3米
7节颈椎
只有
几厘米长

梳头

法语里有句谚语叫“给长颈鹿梳头”，意思是做一件又漫长又无用的工作。

对长颈鹿来说，
这可算不上什么好话……

十九世纪初，一只长颈鹿被运到了法国巴黎植物园，并且配备了一名监护人。植物园的老板认为监护人无所事事，于是他用控诉的语气对监护人说：“你每天围着它都干了些啥？”

监护人面无表情地回答道：“我每天都给它梳头。”

长颈鹿有自己的美发师哟！

类在一点点地
长颈鹿梳头
梳好头的
长颈鹿

角

让我们说得再准确一些：长颈鹿头上长着的是皮骨角，也叫“长颈鹿角”。

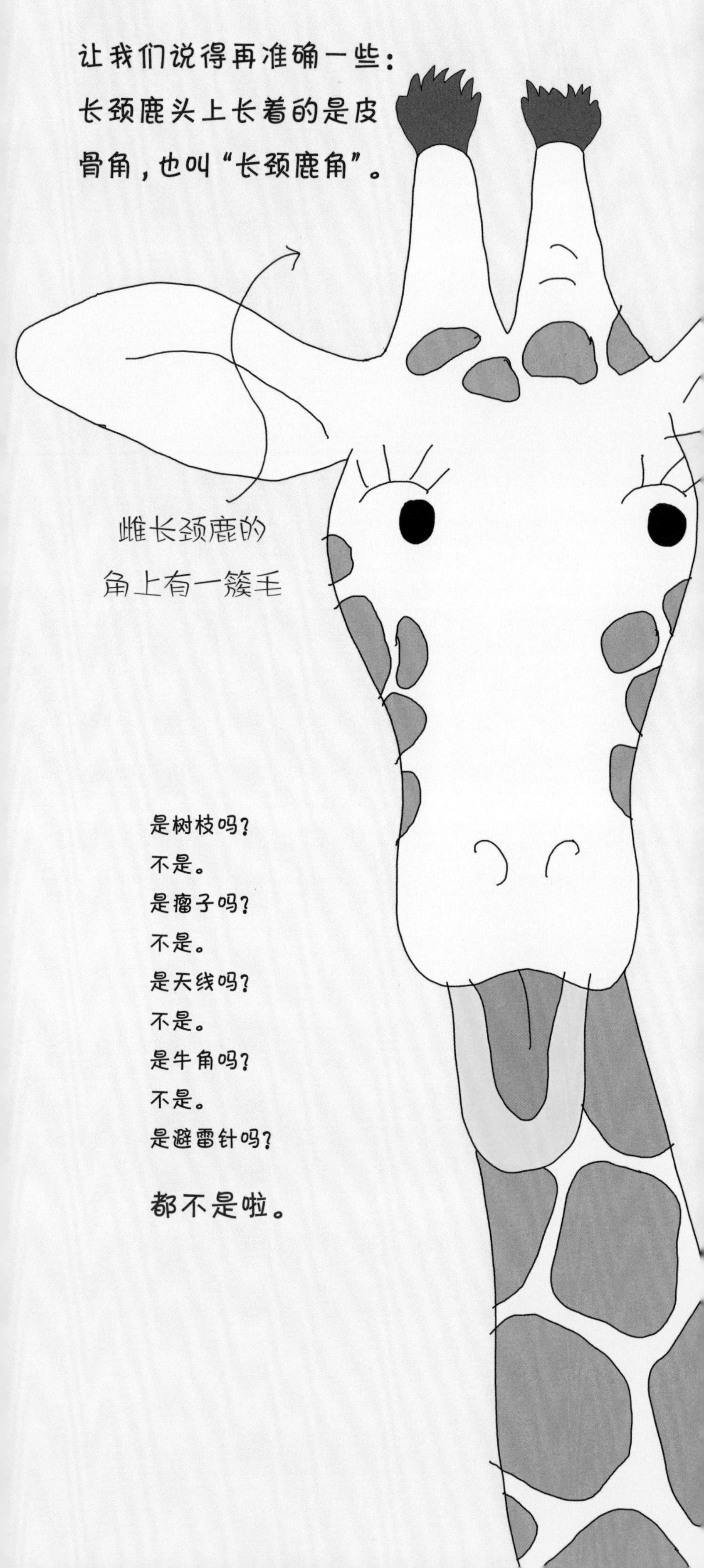

是树枝吗？
不是。
是瘤子吗？
不是。
是天线吗？
不是。
是牛角吗？
不是。
是避雷针吗？

都不是啦。

长颈鹿在出生时就长有角。
准确地说……是皮骨角。
刚出生时，角是软而平的，软呼呼的！
随着时间的推移，角越变越硬，
成为打斗比拼的武器……
别动，好疼！

决斗

雄性长颈鹿在打架时
会挥舞它们的脖子。

为了保卫领地，
或者为了守护雌性，
雄性长颈鹿会在烈日下
展开一场决斗。
俗话说得好：
勇者才能赢得美人心。

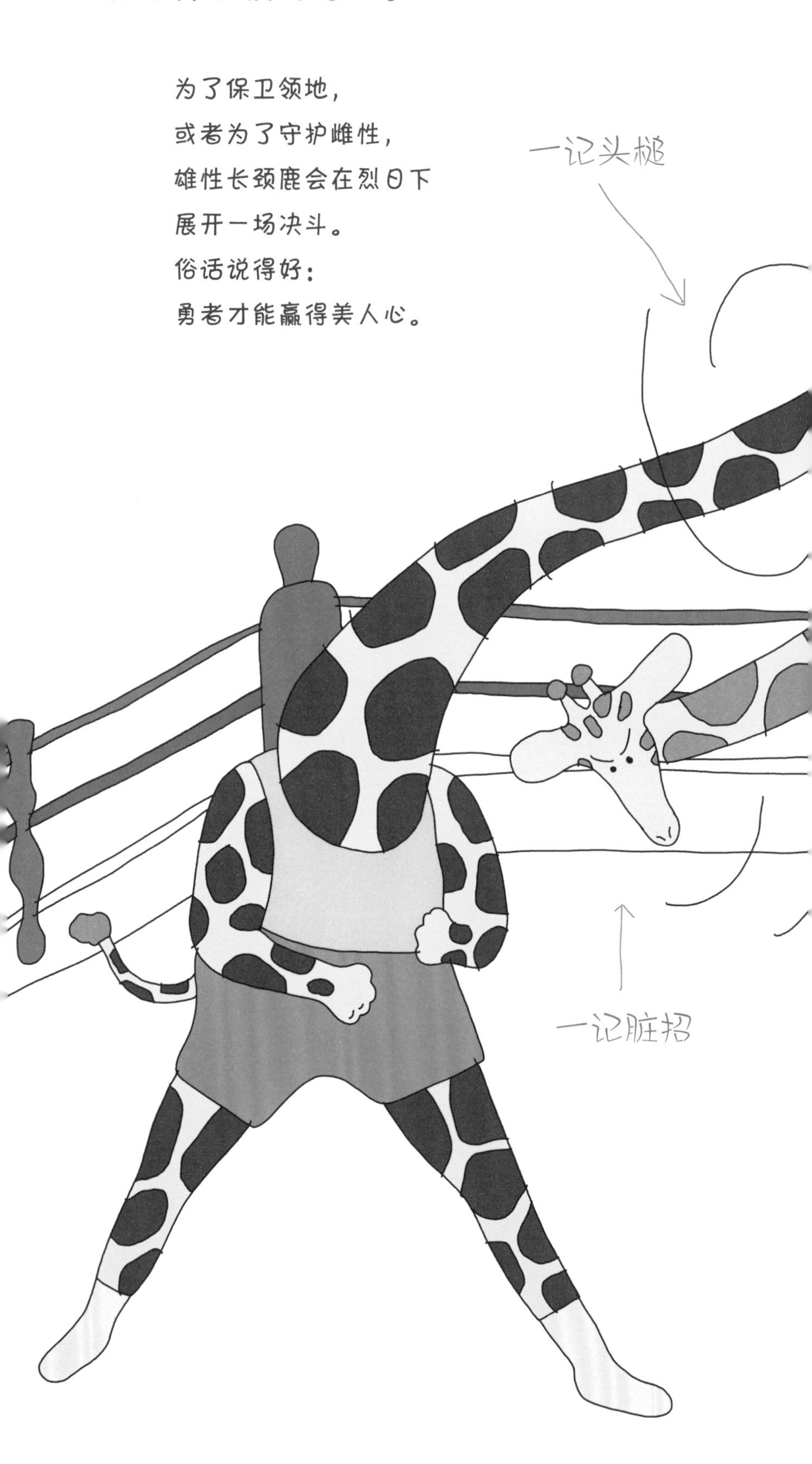

上勾脖攻击、下勾脖攻击、
旋脖攻击、直脖攻击、
旋风脖攻击、缩脖攻击……

啊！简直太疯狂啦！

星星

有一个以长颈鹿命名的星座，也就是一组看起来好像长颈鹿形状的星星群，这个星座叫作“鹿豹座”。

虽然这个星座全年都可见，但是它不是特别引人注目。鹿豹座是最大的星座之一，它包含了很多颗星星，但是这些星星都不是很明显。

而其中一些我们能看见的星星，甚至没有属于自己的名字，只有一串希腊字母而已！和其他许多星座不同的是，鹿豹座并没有属于自己的神话故事。

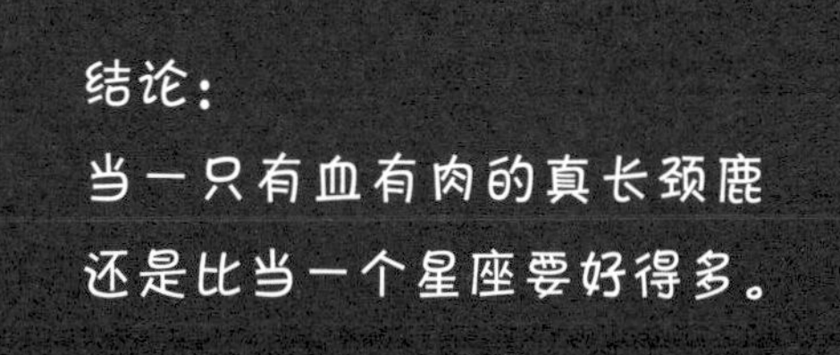
结论：
当一只有血有肉的真长颈鹿
还是比当一个星座要好得多。

生活在野外的长颈鹿一天的睡眠时间甚至不到两小时。

站着睡觉

☆ 睁着眼睛

☆ 脖子比醒着走路的时候要弯一些

如果人类一站起来就有5—6米高，
换姿势也会觉得麻烦。
既然如此，为什么要让生活变得更复杂呢？

长颈鹿最常见的睡姿就是站着睡。
白天时不时打几个盹儿的长颈鹿经常睁着眼睡，
随时提防着地平线上有敌人靠近。

长颈鹿还能够连着好几天都不睡觉。
吃草、咀嚼和消化都要花不少时间……
还有反刍的时间。

最勇敢的长颈鹿才敢躺着睡：
连狮子都不怕！

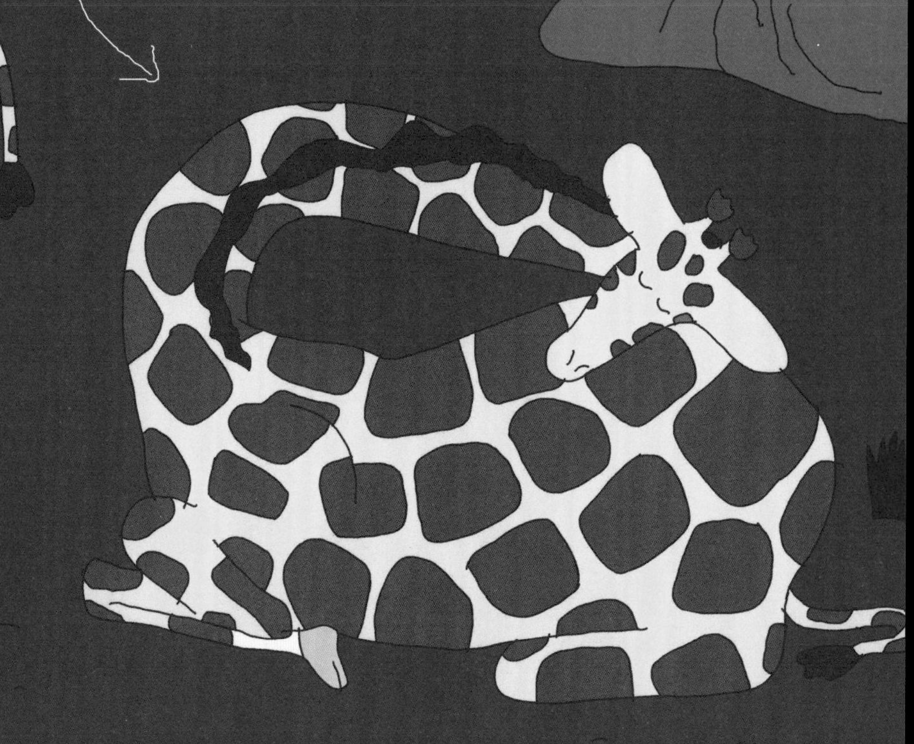

不打哈欠

长颈鹿是唯一一类不会打哈欠的脊椎动物，从不。

睡得这么少，居然还从来，从来，从来都不打哈欠！
光是有大个子和长脖子还不是长颈鹿全部的特别之处啊！

我打哈欠。
你打哈欠。
他打哈欠。
我们打哈欠。
你们打哈欠。
他们打哈欠。

但是长颈鹿不打哈欠！

人类

一生大约
打 250,000 个哈欠

这或许和它们不寻常的睡眠模式有关？
也有可能它们始终在试图保持优雅吧！

NASA

这个知名宇航中心研发出了一套宇航服，灵感来自长颈鹿非凡的血液系统。

长颈鹿本可以在稀树草原上过舒服的日子，
但是科学家们经常去“打扰”它。

研究长颈鹿是为了什么呢？

为了人类探索宇宙，为了星际旅行。
长颈鹿只想安静地吃口树叶，
它从不想把自己打扮成更厉害的狮子啊！

舌头

长颈鹿超级巨大的舌头可以向各个方向卷曲，能够弯成一个碗的形状，然后从金合欢多刺的枝条上撸叶子吃。

假如在满月之夜让长颈鹿们在稀树草原上聚集起来，举办一场扮鬼脸大赛，一定会是非常有趣的场景：卷卷的舌头、垂挂的舌头、直升机一样旋转的舌头、够到耳朵后面的舌头、伸进鼻孔里的舌头、宝剑一样伸直的舌头、伸到下巴底下的舌头、开瓶器一样的舌头……

长度：长达50厘米

颜色：防晒的蓝黑色等

形态：黏糊糊的

安静

长颈鹿看起来好像不会
说话，事实并非如此。

长颈鹿发出的声音低沉而隐秘，
有点儿像猫咪的呼噜声，也有点儿像人类的鼾声。

长颈鹿毕竟没有和科学家们交流过，
因此人们一直以为它们都是哑巴。
直到有人在动物园里放了录音机，
才终于证明了长颈鹿之间也会窃窃私语。

下一个挑战：
解密它们的语言，
了解它们的秘密……

狮吼声
猴子的叫声
长颈鹿的叫声
猫咪的
呼噜声
啊啊啊啊啊！
大声才能获胜！

危机

长颈鹿的数量在过去的三十年里

下降了很多，很多，很多……

如此美丽的动物竟然也受到了威胁！为什么呢？

- 人类来到了长颈鹿的栖息地，开始耕种。
  （唉……）
- 战乱和贫穷使得有些人开始以猎杀野生动物维持生计。
  （真是让人难过的事实……）
- 虽然严令禁止猎杀长颈鹿，但还是有很多长颈鹿被杀死，它们的尾巴、鬃毛、皮毛和骨头被拿去贩卖。这些部件被谣传有各种神奇的“魔力”，还有人把这些部件拿去做各种物件和珠宝。
  （真疯狂啊……）

- 猎人曾被允许以捕猎长颈鹿取乐。
  （这让人怎么说好呢……）

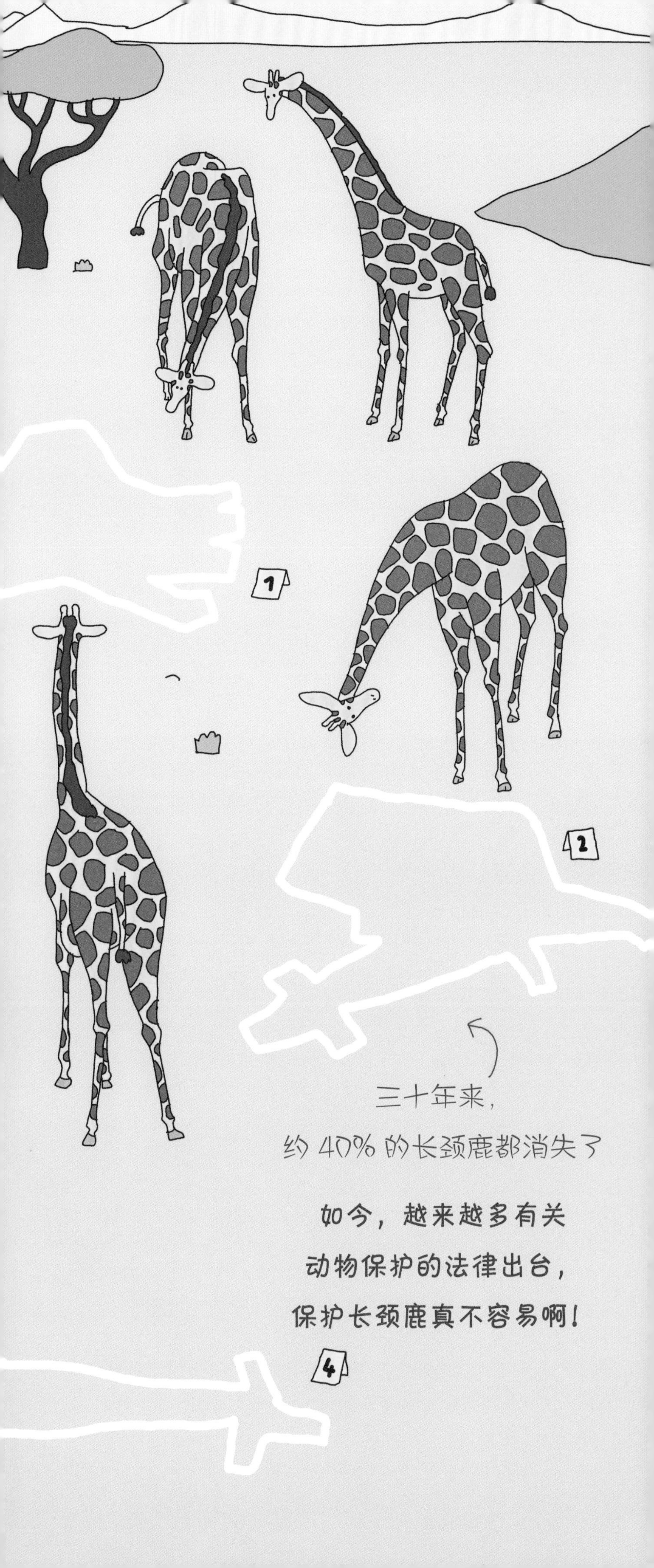
1
2
三十年来，
约 40% 的长颈鹿都消失了
如今，越来越多有关
动物保护的法律出台，
保护长颈鹿真不容易啊！
4

传说

“长颈鹿的脖子很长，长到能给云朵挠痒痒，于是就下雨了。”

生活在南非的萨恩人认为长颈鹿具有超能力。

这样神奇的动物就在眼前，
怎么可能不催生出各种各样的神秘传说呢？
很久很久以前，阿拉伯人甚至传言说，
长颈鹿是骆驼、野牛和鬣狗杂交的后代。
围绕这些庞然大物到底诞生了多少传说呢？

那些长颈鹿身上的谜团啊……

给云朵
挠痒痒

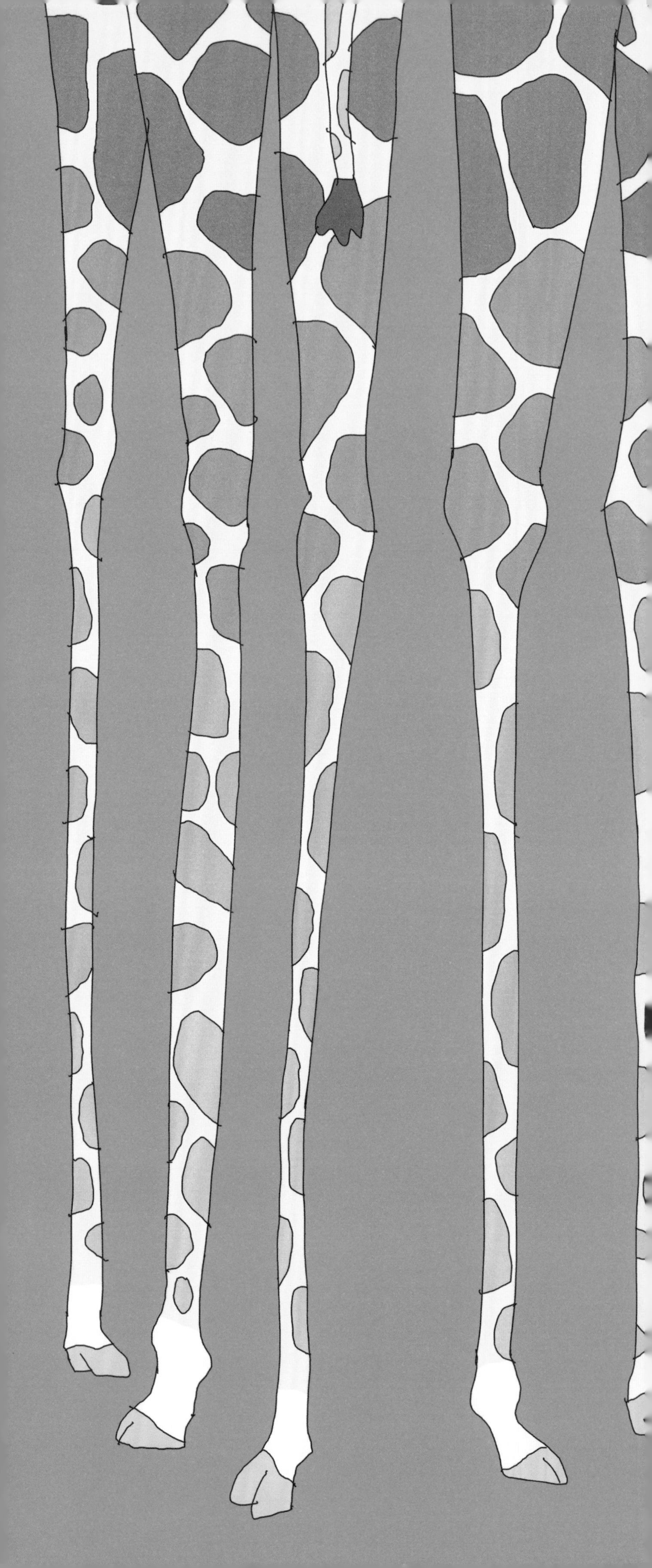